AF603027

CONSEILS AUX SÉRICICULTEURS SUR L'EMPLOI DE LA CRÉOSOTE POUR L'ÉDUCATION DES VERS A SOIE

PAR

M. A. BÉCHAMP
PROFESSEUR DE CHIMIE A LA FACULTÉ DE MÉDECINE
DE MONTPELLIER

SECONDE ÉDITION

MONTPELLIER
GRAS, IMPRIMEUR-ÉDITEUR

M DCCC LXVIII

CONSEILS
AUX SÉRICICULTEURS
SUR L'EMPLOI
DE LA CRÉOSOTE
POUR L'ÉDUCATION
DES VERS A SOIE

PAR

M. A. BÉCHAMP

PROFESSEUR DE CHIMIE A LA FACULTÉ DE MÉDECINE
DE MONTPELLIER

SECONDE ÉDITION

MONTPELLIER
GRAS, IMPRIMEUR-ÉDITEUR

M DCCC LXVIII

CONSEILS AUX SÉRICICULTEURS

SUR L'EMPLOI

DE LA CRÉOSOTE

POUR L'ÉDUCATION

DES VERS A SOIE

L'année dernière, j'ai publié un résumé de mes recherches sur les maladies actuelles des vers à soie, et un exposé de la méthode de traitement qui en est la conséquence.

La première édition de cet opuscule est épuisée. Je publie celle-ci avec plus de confiance encore que la première.

Les résultats qui ont été obtenus l'année dernière ont décidé plusieurs éducateurs à persévérer dans la voie où je les avais engagés. De mon côté, j'ai puisé dans la suite de mes recherches une conviction plus grande de la vérité de mon

*

point de départ et de l'efficacité des moyens que j'avais proposés pour combattre la pébrine.

Deux maladies surtout déciment les vers à soie : la maladie corpusculeuse et la maladie des morts-flats.

De la Pébrine ou Maladie corpusculeuse

La pébrine est une maladie parasitaire.

Un ver à soie devient malade de la pébrine comme on devient malade de la gale ou, plus exactement, de la trichine. Le parasite de la gale pénètre sous la peau, et y vit et y pullule en produisant les désordres que tout le monde connaît. Le parasite de la trichinose pénètre dans tous les tissus. Le premier n'occasionne que des désordres locaux ; le second, des désordres généraux qui déterminent la mort.

Mais l'acarus de la gale et la trichine sont des espèces animales. Il y a des maladies de l'homme et des animaux qui sont dues à des végétaux microscopiques. Le sycosis parasitaire est occasionné chez l'homme par le cryptogame que l'on connaît sous le nom de ***Microsporon mentagrophytes***. Ses spores pénètrent sous la peau et vont vivre aux dépens des matériaux du bulbe des poils.

Il en est de même du ver à soie. La maladie appelée pébrine, si longtemps mystérieuse, est une maladie généralisée, provoquée par un végétal unicellulaire, que l'on nomme corpuscule vibrant ou de Cornalia, et aussi *Panhistophyton.*

Depuis les travaux de Bassi, on sait comment un ver à soie prend la muscardine. Cette terrible maladie parasitaire, dont on a fini par avoir raison, est également produite par un végétal microscopique, le *Botrytis bassiana*. Les spores de cette petite plante, en tombant sur le ver, pénètrent dans ses tissus, y germent, y végètent, y fructifient et finissent par le tuer en usant ses sucs nourriciers et en désorganisant ses tissus. Personne ne doute de ces faits, les savants mêmes y croient. Il n'en est pas autrement de la pébrine. Le corpuscule vibrant est, comme le *Botrytis*, un végétal qui se nourrit des sucs du ver et les altère, désorganise ses tissus et trouble leurs fonctions. Ceux qui ne croyaient pas à cette théorie, il y a deux ans, y croient aujourd'hui ; mais ils ne sont pas conséquents avec leur nouvelle manière de voir.

Mais est-il démontré que le parasite de la pébrine soit un végétal ? Si les principes fondamentaux de la science ne sont pas trompeurs, on n'en saurait douter ; car 1° ce parasite ne se détruit pas au milieu des matériaux du ver, de la chrysalide, du papillon, qui se putréfient : il est imputrescible; 2° ce parasite est insoluble, comme toutes les moisissures végétales (les moisissures, en général, sont des cryptogames microscopiques), dans une dissolution aqueuse de potasse caustique au dixième et dans l'acide acétique ; 3° ce parasite se multiplie dans les matériaux du ver mort et écrasé qu'on a délayés dans l'eau ; 4° il agit comme ferment sur le sucre de canne, qu'il transforme en acides divers et en alcool, à la manière de la levûre de bière et autres cryptogames microscopiques analogues ; 5° enfin son tissu est formé principalement de cellulose, c'est-à-dire de ligneux, comme celui de toutes les moisissures.

Le parasite de la pébrine, que l'on nomme encore corpuscule oscillant, est donc un organisme analogue, quant à l'organisation et à la fonction, à une foule de ferments organisés végétaux. Il possède donc une vie propre, et non pas une vie d'emprunt comme les globules du pus, et autres productions que l'on nomme des organites.

En résumé, le parasite de la pébrine est un végétal qui est réduit, dans l'état où on le connaît actuellement, à une cellule de forme ellipsoïdale ou ovale, qui n'est visible qu'à un très-fort grossissement du microscope.

Le parasite vient du dehors, et il attaque le ver par l'extérieur (il faut noter ici que, pour la physiologie, tout le trajet du canal digestif doit être considéré comme une continuation des tissus extérieurs de l'être), et ce n'est que peu à peu qu'il pénètre dans l'intérieur de tous les tissus de l'animal.

Je le répète, il se passe pour le corpuscule

vibrant ce que l'on a vu pour le parasite de la muscardine. Quand les spores (germes, semences) du *Botrytis bassiana* tombent sur un ver à soie, *elles pénètrent dans son corps* et elles y germent ; cette germination est d'autant plus rapide que le ver à soie est dans un âge plus avancé et que l'air des magnaneries est plus humide. Il est vrai que l'on a vu et décrit la spore du *Botrytis* de la muscardine, tandis que l'on n'a pas encore vu le germe du corpuscule vibrant. Cela n'a pas de quoi embarrasser ; il y a tant de choses que l'on n'a pas vues dans cet ordre de faits ! Mais il peut se faire, j'ai quelques bonnes raisons de le croire, que le corpuscule vibrant ne soit lui-même qu'une spore de forme particulière, dont la cellule pullule de préférence dans les tissus et les liquides du ver à soie, comme pullule la cellule de la levûre de bière dans le moût de bière.

Le corpuscule vibrant peut se trouver sur le corps du ver à tous les âges, sans que l'on aperçoive ni trace de gattine, ni trace de pébrine. Il peut arriver que le ver soit gattiné ou pébriné assez fortement sans que l'on trouve des corpuscules vibrants dans les tissus profonds. Il peut arriver aussi, mais le fait est plus rare, que le corpuscule vibrant ne pénètre que par les voies digestives ; dans ce cas, on peut trouver le corpuscule dans le corps avant de le trouver à la surface. Mais nous savons que, pour le physiologiste, le canal intestinal fait partie de l'extérieur du ver.

Le parasite de la pébrine, comme le ***Botrytis*** de la muscardine, est surtout à redouter après la quatrième mue et vers la montée. C'est à cette époque qu'une chambrée qui a bien marché jusque-là peut, tout à coup, être perdue par la pullulation du parasite. L'humidité, comme je l'ai déjà dit, favorise son développement, comme elle favorise celui de la muscardine. ***Un Viganais*** qui a assisté à la conférence que j'ai faite au Vigan, grâce à la bienveillante insistance de M. le président Aragon, m'écrivait quelques jours après : «Vos observations nous ont paru très-judicieuses, puisqu'il est admis chez nous sans conteste que, lorsque la récolte du ver à soie se produit au milieu d'orages et avec des pluies continuelles, le résultat en est d'autant plus déplorable que, même lorsque le ver, quoique robuste et paraissant jouir d'une très-grande vitalité, semble promettre une excellente récolte, s'il a subi l'épreuve d'un temps aqueux à l'époque rapprochée de la montée, ou au moment de se transformer en cocon, le ver périt presque toujours sur la litière avec plus ou moins de rapidité, et sans faire son cocon. »

On le voit, il y a parité entre le développement de la muscardine et celui de la pébrine. Tout cela se conçoit facilement pour celui qui sait combien la génération de toutes les moisissures et de tous les ferments organisés est singulièrement favorisée par l'abondance de l'humidité.

Le corpuscule vibrant, qui, au début, a pénétré de l'extérieur dans l'intérieur du ver, peut, si les circonstances ont été favorables, n'y avoir pas encore fait assez de ravages pour qu'à la montée ce ver puisse filer son cocon, devenir chrysalide et même sortir papillon. Mais la chrysalide, le papillon, provenant de tels vers, seront fatalement farcis, plus ou moins, de corpuscules. Il pourra même arriver que les œufs soient eux-mêmes corpusculeux, à l'extérieur et à l'intérieur à la fois, à l'extérieur ou à l'intérieur seulement.

De la Graine

Il est évident, d'après cela, qu'il faut, avant tout, posséder de bonne graine. La graine non corpusculeuse pourra être réputée bonne ; cependant les vers corpusculeux peuvent pondre de la graine non corpusculeuse ; cette graine, provenant de parents malades, ne pourra donc pas être distinguée de celles qui proviennent de parents sains, du moins quant à présent, car M. Le Ricque de Monchy et moi croyons être sur la voie d'un caractère distinctif. On ne peut donc pas, *à priori*, même après l'examen microscopique, affirmer qu'une graine est bonne. Voilà pourquoi le bon sens a indiqué qu'il faut, avant tout, se procurer de bons reproducteurs. M. Aragon insistait sur la sélection déjà en 1858, dans un article du *Mes-*

sager du Midi. Il est évident que des vers corpusculeux ont leurs liquides nourriciers altérés, puisque le corpuscule, qui est un ferment, s'y nourrit et y abandonne ses propres excrétions : il est donc impossible que les œufs qui en proviennent soient absolument dans les mêmes conditions que ceux qui sont pondus par une femelle non malade, et qui ont été fécondés par un mâle sain. Les vers qui en sortiront seront nécessairement plus favorablement disposés à être envahis par le parasite. Voilà pourquoi il est bon, nécessaire même, de prendre toutes les mesures que le bons sens indique pour se procurer de bons reproducteurs. Mais cela ne suffit point, puisque des parents sains peuvent donner des œufs dont les vers pourront prendre la pébrine.

Quoi qu'il en soit de ces observations, lorsque l'on ne connaît pas l'état de santé des parents, il est toujours utile de se procurer de la graine non corpusculeuse, et, par suite, de savoir la distinguer.

Examen de la Graine

Il ne suffit pas, pour connaître la valeur d'une graine, comme le recommandait M. Cornalia, d'écraser cette graine dans une goutte d'eau, sur le porte-objet du microscope. Il faut pouvoir distinguer la graine corpusculeuse qui l'est absolument de celle qui ne l'est qu'en apparence.

Pour examiner un lot de graines, on en prend

25 ou 30, et on les délaye délicatement dans un peu d'eau, sur la lame de verre porte-objet du microscope. On laisse tremper pendant cinq à dix minutes, on les remue doucement dans cette eau pour en détacher les matières adhérentes, et, après avoir recouvert un peu de cette eau avec la lame mince, on examine sous un fort grossissement du microscope. Avec les nouveaux microscopes de Nachet, il faut employer la combinaison : oculaire 2, objectif 5. Si plusieurs parties de l'eau de lavage ne laissent pas apercevoir de corpuscules, on peut affirmer qu'il n'y a pas, ou qu'il n'y a que très-peu de corpuscules extérieurs. Après cet examen il faut laisser écouler la première eau, qui contient toujours des productions étrangères, laver une seconde et une troisième fois, puis écraser deux à trois graines à la fois, dans l'eau qui baigne encore les graines ou dans l'eau nouvelle. Cet écrasement se fait très-bien en plaçant les œufs sous la lame d'un canif et pressant sur la lame de verre bien appuyée. Le liquide trouble qui en jaillit est délayé dans l'eau, bien uniformément ; puis, après avoir éloigné les coques des œufs, on recouvre la préparation de la lame mince et on regarde. Si, après avoir écrasé successivement et observé ainsi une quinzaine de graines, on n'aperçoit pas de corpuscules, on pourra admettre que la graine n'est pas corpusculeuse extérieurement ni intérieurement, du moins en grande majorité.

Si, dans l'examen précédent, on n'a trouvé des corpuscules que sur la surface, la graine ne devra pas être rejetée ; elle pourra encore donner des résultats satifaisants après avoir été lavée avec soin, dans le but d'éloigner le parasite.

Remarque. — Le liquide trouble que contient la graine saine ne laisse jamais apercevoir que deux genres de formes : des globules circulaires très-gros et des globules sphériques plus petits. Les gros globules circulaires sont formés des corps gras du vitellus ; les petits globules sphériques sont ce que l'on appelle sphérules du vitellus. Quand une graine est corpusculeuse, on y distingue très - facilement les corpuscules à leur forme ovale et allongée ; en y regardant de près, on en voit de plusieurs grandeurs et diversement allongés ; si l'on regarde encore de plus près, on distingue nettement sur les plus grands, les plus âgés, dans le sens du grand axe, dans le sens de la longueur, une ligne noire. A ces caractères, le corpuscule se distingue de toutes les autres apparences que l'on peut remarquer dans la préparation.

Mais une graine non corpusculeuse peut contenir et contient souvent, comme nous l'avons observé, M. de Monchy et moi, d'autres productions que les sphérules du vitellus et les globules graisseux : ce sont des points mobiles, beaucoup plus petits que tout ce qui les entoure et souvent extrêmement nombreux. Ces points mobiles, nous les nommons *microzyma*, en attendant que nous déterminions positivement leur signification.

Une graine qui ne porterait des corpuscules qu'à la surface, et ne contiendrait pas d'autres productions que les globules graisseux et les sphérules du vitellus, mérite d'être essayée, quoiqu'elle manifeste déjà, les grainages ayant été faits avec soin, qu'il y avait des papillons corpusculeux parmi les reproducteurs. Il m'a été donné d'examiner des graines venant de Porto-Vecchio (Corse), qui portaient peu de corpuscules extérieurs et beaucoup d'intérieurs. Des cocons produits par cette graine à Tavel, et conservés depuis un an, contenaient des chrysalides mortes, horriblement farcies de corpuscules. Les graines reproduites à Tavel, par des papillons de ce même lot de cocons, portaient des corpuscules extérieurs et n'en contenaient pas d'intérieurs. Elles ne contenaient pas non plus de *microzyma*. Nous verrons ce que de pareilles graines produiront. (J'en ai élevé depuis dans la vapeur de créosote ; le résultat a été 85 cocons, sur 100 vers.)

En résumé, quand on ne connaît pas les reproducteurs, se procurer de la graine qui ne soit corpusculeuse ni extérieurement, ni intérieurement, et sans *microzyma*, c'est, dans l'état actuel, le conseil suprême. Il faut s'approcher autant que possible de cet idéal.

Cela posé, le sériciculteur muni de bonne graine

n'a pas, pour cela, assuré sa récolte. Ne sait-on pas, et l'article publié par M. Aragon dans le ***Messager du Midi,*** le 9 juin 1858, en fait foi, que la meilleure graine, celle qui, pendant plusieurs années, avait donné de bons résultats, finit par ne plus rien donner qui vaille? C'est que l'ennemi est toujours là! Le parasite guette en quelque sorte l'occasion favorable, et aussitôt il pullule et compromet tout. Il s'agit d'enrayer et d'annuler finalement son influence désastreuse.

De la Maladie des PETITS et des MORTS-FLATS

Les vers *restés petits* et les *morts-flats* peuvent ne pas être corpusculeux; mais leur canal intestinal est gorgé de très-petits corps, appelés vulgairement *granulations moléculaires*, et qui ne paraissent être autre chose que des *microzyma*, petits ferments, d'une nature spéciale. Ils entravent la digestion du ver, et le canal intestinal est alors rempli de matières glaireuses et puriformes. S'ils envahissent le ver de bonne heure, celui-ci reste petit; s'ils l'attaquent aux dernières mues, il meurt mort-flat.

Traitement de la Pébrine. — Propriétés de la Créosote

Mais est-il possible d'arrêter l'invasion du parasite? En théorie, oui, certainement! En pratique, c'est à l'expérience à décider. Or l'expérience a décidé. Oui, il y a un moyen, non-seulement d'empêcher que les vers ne prennent la pébrine, mais d'enrayer la maladie et d'obtenir ainsi des récoltes qui sans ce moyen eussent été nulles. A tort qui n'essaye pas de ce moyen, puisqu'il est rationnel, scientifique, peu coûteux, et incapable d'être nuisible, de rien compromettre, de rien aggraver.

La créosote[1], liquide volatil et très-odorant qui existe dans le goudron de bois, possède une propriété singulière : l'expérience m'a démontré que la germination des spores des ferments et des parasites végétaux est totalement entravée par cette substance. La fermentation, la putréfaction d'une foule de matières fermentescibles ou putrescibles peuvent être empêchées par elle, soit qu'on l'introduise directement dans les liquides fermentescibles, soit que l'on place ceux-ci dans une atmosphère où l'on a répandu ses vapeurs. Or la fermentation et la putréfaction sont l'effet de la nutrition de petits végétaux microscopiques dont les spores, qui existent dans l'air ambiant, germent dans les liquides aqueux qui contiennent des matériaux dont ils peuvent se nourrir. Puisque la créosote empêche la fermentation, cela prouve qu'elle s'oppose à la germination des semences des petits végétaux qui en sont la cause. Voilà le fait qui est devenu le point de départ de la théorie dont voici l'énoncé :

[1] La créosote de bonne qualité se dissout complétement, même à froid, dans l'ammoniaque caustique concentrée.

La germination des spores des ferments, qui sont la cause des phénomènes que l'on nomme fermentation ou putréfaction, est empêchée par la créosote et aussi par d'autres substances analogues, dont j'ai donné l'énumération ailleurs.

Mais la créosote et d'autres substances volatiles pourront-elles empêcher la germination des germes du parasite végétal de la pébrine ? — Des essais entrepris dans cette direction m'ont donné la confiance que l'influence de la créosote est efficace.

Il faut bien comprendre une chose : la créosote n'aura pas pour effet, pas plus que d'autres substances analogues, de tuer le parasite, mais d'empêcher qu'il ne se développe sur les vers sains. Son influence n'empêchera pas un ver pébriné de l'être et de le rester, mais elle empêchera un ver sain de le devenir. Il y a plus : j'ai aujourd'hui la certitude qu'elle s'oppose à ce qu'un ver pébriné le devienne davantage, de telle façon qu'un ver qui serait mort sur la litière pourra arriver à filer son cocon. Voici sur quel fait cette opinion est fondée : J'ai dit que le corpuscule vibrant pullule dans les matériaux du ver mort et écrasé dans l'eau. L'expérience a été reprise cette année : le corps d'un ver farci de corpuscules a été écrasé dans un volume d'eau déterminé ; on a fait deux parts égales du mélange. Dans chaque part il y avait un certain nombre de corpuscules (en moyenne, on en comptait huit ou dix dans le champ du microscope) ; une part a été abandonnée à elle-même dans une étuve, l'autre a été additionnée de créosote et placée dans la même étuve. Quinze jours plus tard, il y avait en moyenne 33 corpuscules dans le champ du microscope pour la préparation non créosotée ; il n'y en avait en moyenne que 13 pour la préparation où l'on avait ajouté la créosote. Dans le premier cas, le nombre des corpuscules avait au moins triplé ; il était resté stationnaire sensiblement dans le second. ***La créosote tarit donc la prolifération des corpuscules.***

Non-seulement la créosote tarit la prolifération du corpuscule vibrant, elle le transforme. Un ver qui est déjà corpusculeux, je l'ai dit, reste corpusculeux, mais le corpuscule change de forme et de grandeur. Il s'allonge, s'élargit, et devient souvent dix et vingt fois plus gros, de sorte qu'il est alors méconnaissable ; on croirait voir une nouvelle production si, comme je l'ai fait, on n'avait suivi pas à pas la transformation. Nous avons là la preuve matérielle de l'influence efficace de la créosote.

La Créosote n'est nuisible en aucun cas

Mais la créosote ne peut-elle pas empêcher l'éclosion des œufs, ne peut-elle pas être nuisible pour le ver ?

Non, la créosote n'entrave en rien l'éclosion des œufs et ne nuit en aucune façon à l'accomplissement normal des fonctions du ver. De ce côté, l'affirmation est absolue ! On n'a rien à craindre de l'emploi de cette substance, et, comme elle est d'un prix peu élevé, qu'il en faut peu, on aurait tort de ne pas tenter l'essai d'un moyen prophylactique que la théorie et l'expérience recommandent également.

En résumé, la maladie est parasitaire ; le parasite est un végétal microscopique de l'ordre des ferments, et la créosote, le modifiant, enraye sa propagation. La propagation du parasite étant enrayée, il s'épuisera et finalement disparaîtra de nos chambrées.

Disposition des Chambrées. — Emploi de la Créosote

Comment convient-il d'employer la créosote, et quelles dispositions doit-on prendre dans les magnaneries ? Quelles sont, enfin, les autres précautions qu'il faudra observer pour opérer conformément à l'opinion démontrée, que le corpuscule vibrant est un parasite ?

Les soins de propreté sont recommandés en tout temps, et plus spécialement lorsqu'il s'agit de maladies parasitaires. Il sera bon d'opérer le balayage et l'époussetage longtemps avant l'époque fixée pour l'incubation, afin que les poussières, autant que possible entraînées par une bonne ventilation, aient eu le temps de se déposer. Pendant cette opération, les claies ou canisses seront portées dehors et bien essuyées. Toutes les pratiques usitées à cet égard contre la muscardine, comme fumigations diverses, blanchissage, lavage avec des dissolutions de sulfate de cuivre ou couperose bleue, sont utiles. Mais, comme ces soins ont été inutiles contre la pébrine, il faudra procéder au lavage *de toute la magnanerie,* murs, plancher, plafond, montants, fenêtres, portes, canisses, etc., avec de l'eau créosotée. Il faudra atteindre toutes les anfractuosités.

L'eau créosotée sera préparée en versant 50 à 60 grammes, ou même 100 grammes, de créosote par hectolitre d'eau bien propre.

On pourrait ajouter à l'eau créosotée un peu de sulfate de cuivre, environ 50 grammes par hectolitre. On atteindrait ainsi un double but : on arrêterait la germination des spores du parasite et on tuerait peut-être les parasites déjà développés.

Les canisses seront d'abord lavées à grande eau, bien proprement, puis à l'eau créosotée. Elles seront mises en place étant encore humides. *Puis on fermera soigneusement toutes les issues, pour que les vapeurs ou émanations créosotées imprégnent bien tout l'espace.*

Fermeture des Fenêtres des Magnaneries

M. Berthezène fils ferme les fenêtres de ses chambrées à l'aide de châssis de toile. Je préférerais, à la place de la toile, du molleton de laine. Le molleton a un duvet qui servirait de filtre, et on aurait plus de chance de retenir au passage les poussières infectieuses.

Lavage de la Graine

Puisque la graine peut porter le parasite à l'extérieur, il convient de la laver. Cette pratique, autrefois générale, doit être reprise, puisqu'elle a sa raison d'être scientifique. Le lavage sera pratiqué à grande eau. La graine sera placée dans un tamis fin, et on versera dessus un filet d'eau pendant qu'on la frottera doucement entre les mains, pour détacher toutes les impuretés qui sont à la surface. Si l'on possède un microscope, on s'assurera que les dernières eaux ne contiennent plus de corpuscules. Dans tous les cas, quinze affusions d'eau sont nécessaires pour obtenir un lavage complet. Lorsque la dernière eau sera écoulée, on effectuera un dernier lavage à l'eau créosotée, additionnée ou non de sulfate de cuivre.

Si la graine adhère à des cartons, on les placera dans une position inclinée, après les avoir trempés dans l'eau, puis, à l'aide d'une houppe de linge fin, on la brossera doucement sous un filet d'eau pure, et à la fin sous un filet d'eau créosotée.

La graine lavée sera mise à sécher dans un lieu frais, où l'on aura répandu des vapeurs de créosote.

Voilà ce qu'il faudra toujours faire avant de mettre la graine en incubation. Je conseille, de plus, de ne conserver la graine, pour l'éducation suivante, qu'après lui avoir fait subir le lavage à l'eau créosotée et l'avoir séchée dans une atmosphère imprégnée de créosote.

Pour ces lavages, dix à vingt gouttes de créosote par litre d'eau sont suffisantes.

De l'Incubation

Le procédé habituellement usité dans les campagnes me paraît défectueux. Je voudrais que cette opération importante s'accomplît dans une petite pièce ou dans une caisse de bois, dans laquelle on maintiendrait une odeur franche de créosote, afin que dès sa naissance le ver fût sous l'influence préservatrice.

Voici une disposition qui a réussi à M. le Dr Luskewitz, de Ceilhes :

Une petite caisse carrée, dont l'une des faces verticales est mobile, est partagée en plusieurs compartiments superposés à l'aide de rubans fixés à ses parois. Ces mêmes parois sont percées de trous pour donner accès à l'air. Sur le fond de la caisse on met deux ou trois tampons de linges imbibés de créosote ; puis, sur les rubans formant les compartiments, on place la graine d'une façon convenable. On remet la paroi verticale mobile, on ajuste le couvercle également percé de trous, et l'on porte le système dans un lieu convenablement chauffé.

Éducation

Lorsque les vers arriveront dans la chambrée, il faudra que l'odeur de créosote y soit franche ; cette odeur devra être perçue pendant toute la durée de l'éducation. Pour obtenir ce résultat, j'estime que, par 100 mètres cubes d'espace, 2 grammes de créosote seront suffisants. Ce sera au magnanier à voir si cette quantité produit assez de vapeur pour que l'odeur soit sensible dans tous les points de l'espace occupé par les vers. Pour répandre ces vapeurs, qui se forment facilement à cause de la tension de la créosote, il suffira de placer de distance en distance des godets de fer-blanc, des soucoupes ou autres vases plats, dans lesquels on versera, sur un morceau d'éponge, de ouate ou de papier buvard, environ vingt gouttes de créosote toutes les douze heures. On pourrait implanter dans les montants des magnaneries des clous terminés par un anneau, sur lequel on placerait le godet à créosote. Si la quantité de créosote doit être augmentée, on pourra le faire ; car, d'après mes essais en petit, une quantité triple de celle que je viens d'indiquer n'est pas nuisible. C'est une chose surprenante de voir combien les vers vivent facilement dans un air très-chargé de vapeur de créosote.

A ce propos de l'augmentation possible de la quantité de créosote, l'honorable et bienveillant Viganais dont j'ai déjà cité quelques lignes me disait : « Je me suis demandé si, dès le début de la récolte et jusqu'à sa terminaison, il ne serait pas utile, essentiel même, tout en observant vos prescriptions quant à l'emploi de la créosote en temps ordinaire, d'augmenter cependant coup sur coup en temps d'orage pluvieux, ou progressivement en cas de pluies incessantes, la dose de créosote. Puisqu'il est vrai que le corpuscule vibrant, notre ennemi mortel, se propage avec plus de danger pour nous dans une atmosphère très-saturée d'humidité, ne faudrait-il pas saturer d'un peu plus de créosote l'air humide, chargé de vapeur d'eau, de nos magnaneries, quand l'air sec et chaud y serait remplacé par l'humidité venant du dehors ? »

Je trouve cette observation très-fondée. En effet, les conditions les plus favorables au développement de toutes les végétations microscopiques étant l'humidité et la chaleur réunies, on comprend que, quand ces circonstances se présentent, il faut insister avec plus de force sur le moyen qui les empêche de pulluler. Il sera facile, d'ailleurs, de suivre l'influence des doses croissantes de créosote.

Ces quelques mots suffisent sans doute pour les intelligentes populations des Cévennes. Entre 40 et 120 gouttes de créosote par vingt-quatre heures et par 100 mètres cubes, on voit qu'il y a de la marge. Je suis convaincu que, dans les magnaneries très-aérées, comme elles le sont toutes, l'on pourrait encore élever ces doses sans danger pour les vers.

Dans le cas où l'on aurait besoin de renouveler rapidement l'atmosphère créosotée, on pourrait verser la substance préservatrice sur une brique ou sur une pelle chaude. Mais il faut se garder que la brique ou la pelle soient chauffées trop fortement, car on produirait tout à coup trop de vapeur de créosote, ce qui pourrait être nuisible. Dans tous les cas, il faudra continuer l'emploi de la créosote jusqu'au moment de décoconner, et, si l'on fait grainer, pendant tout le temps du grainage.

Préparation des Feuilles

Il faut donner beaucoup de soins à la nourriture des vers à soie.

On a beaucoup écrit sur la maladie du mûrier, sur la culture de cet arbre et sur la qualité des feuilles. Je ne saurais donner mon opinion sur les questions qui ont été soulevées à cet égard, mais je crois que les craintes sont exagérées. Ce que je puis affirmer, c'est que la feuille humide, mouillée ou trop gorgée de sucs aqueux, est nuisible, non pas par elle-même, mais en ce que cette humidité favorise singulièrement la prolifération du corpuscule vibrant. Que le corpuscule ait un germe ou qu'il ne soit que le commencement du développement d'une spore, l'humidité, l'abondance de l'eau favoriseront son développement. La théorie est encore ici d'accord avec la pratique. Il faut donc prendre toutes les mesures qui procureront de la feuille bien ressuyée. Il faudra, pour l'usage des vers, conserver la feuille dans un lieu *bien aéré*, quoique frais, non pas *entassée par terre*, dans la poussière ou sur un sol humide. Il faudra avoir le plus grand soin que la feuille ne s'échauffe, *ne sue;* pour cela, il faut l'étendre en couches pas trop épaisses, pour que l'air y circule. *Je voudrais qu'on la disposât, dans le ramier, sur des claies étagées comme les canisses dans la magnanerie.* Avec cette disposition, on pourrait soumettre la feuille à l'influence de la créosote, comme il a été dit pour la magnanerie. De cette façon, si le corpuscule adhérait déjà lui-même[1], ou ses germes, aux feuilles, et cela peut arriver, on les paralyserait. Quoi qu'il en soit, il faudra que la feuille, avant d'être donnée aux vers, ait séjourné pendant quelque temps, une demi-heure, par exemple, dans la même atmosphère créosotée que les vers.

[1] Nous avons plusieurs fois, M. Lericque de Monchy et moi, trouvé le corpuscule vibrant sur la feuille de mûriers élevés loin des routes et des magnaneries. Sur ces mêmes feuilles existent en abondance des granulations moléculaires que je nomme *microzyma*. On voit par là combien est chanceuse la méthode qui prétend sauver la sériciculture par la sélection.

La feuille de mûrier qui se trouve dans une atmosphère trop créosotée brunit, et les vers ne la mangent pas. Ils la mangent avec plaisir lorsque, malgré la grande quantité de créosote, elle est restée bien verte. On aura donc, là même, un indice de la limite que l'on ne doit pas dépasser. En temps de pluie on pourra, par conséquent, se guider sur cette observation, pour limiter à propos la quantité de créosote à l'influence des vapeurs de laquelle on soumettra la feuille.

Délitage

Il est d'observation que la litière moisit. J'espère que cet inconvénient sera diminué par la présence de la créosote; mais, quoi qu'il arrive à cet égard, les corpuscules qui peuvent se développer dans la litière même [1] sont plus facilement disséminés pendant l'opération qui consiste à l'enlever, et, en se répandant dans l'espace, ils vont aggraver le mal. Il y a des moyens d'opérer le délitage avec le moins de danger possible. Il faut user de ceux qui occasionnent le moins de

[1] J'ai vu, dans la litière d'une magnanerie dont la récolte avait été magnifique, des masses de moisissures diverses et des quantités innombrables de corpuscules vibrants. Pourtant les papillons n'étaient pas corpusculeux dans les tissus; mais, sur la peau de la dernière mue, dans le cocon, il y avait des corpuscules normaux et transformés. Le parasite n'avait pas pu pénétrer dans les tissus du ver.

poussière, et dans tous les cas, dans ces jours-là, *il faut forcer la dose* de créosote.

Telles sont, en résumé, les précautions que la théorie et des essais pratiques m'ont suggérées. Je ne puis trop redire que l'on aurait tort de ne pas essayer d'une méthode qui n'offre aucun danger pour les vers[1], qui n'est pas difficile à appliquer[2] et qui n'est pas dispendieuse. Je ne sais quelle sera l'issue de la campagne de cette année, mais j'ai la certitude que mes conseils n'aggraveront pas le mal[3].

[1] Il n'y a pas de danger non plus pour les personnes qui soignent les vers. L'odeur de créosote se supporte facilement par nous, et, loin d'être nuisible, je la crois bienfaisante en temps d'épidémie.

[2] On trouvera chez Castagnié, opticien à Montpellier, deux petits appareils pour le dosage de la créosote : 1° un petit tube contenant 25 gram. de créosote jusqu'au trait; 2° une petite pipette portant deux divisions, représentant 10 et 20 gouttes de créosote.

[3] Je ne dirai rien ici des succès éclatants qui ont été obtenus, l'année dernière, dans le département de l'Hérault, dans le département du Gard, dans les Cévennes et ailleurs. Mais je dirai que j'ai élevé, dans la créosote, des vers provenant de parents très-corpusculeux, d'une race polyvoltine, et que la récolte, dans les éducations successives, loin de diminuer, a été en augmentant en même temps que le nombre des papillons corpusculeux diminuait. Une magnanerie infectée de muscardine, dans laquelle on échouait depuis plusieurs années, a été assainie par la créosote, et la récolte a été magnifique. La muscardine, qui commençait à apparaître, a été enrayée.

Le traitement que je viens d'exposer ne concerne que la maladie corpusculeuse. Je réserve pour cette année l'étude de la maladie des *petits* et des *morts-flats*, que je nomme maladie des *microzyma*, et qui me paraît bien autrement désastreuse que la pébrine. J'ai eu l'occasion d'examiner une chambrée qui a échoué, au moment de la montée, malgré l'emploi de la créosote, par des causes particulières, et où les neuf dixièmes des vers ont succombé *morts-flats* sans être corpusculeux, mais farcis de *microzyma*.

Montpellier, imprimerie Gras.

www.ingramcontent.com/pod-product-compliance
Ingram Content Group UK Ltd.
Pitfield, Milton Keynes, MK11 3LW, UK
UKHW021034260726
13994UKWH00005B/2150

9 782329 428604